INTERIOR
DECORATION
DESIGN

室内装饰设计
与软装速查

背景墙

李江军 编

中国电力出版社
www.cepp.sgcc.com.cn

内容提要

本系列图书包含《客厅》《吊顶》《背景墙》《细部设计》四册。每本书包括室内装饰设计与软装搭配的知识要点解析和600余例设计案例解析，内容丰富，实用性强。书中对这些代表着当今前沿设计水平的作品分别做了讲解分析，可以帮助读者快速掌握室内装饰设计方法和技巧。

图书在版编目（CIP）数据

室内装饰设计与软装速查. 背景墙 / 李江军编. —北京：中国电力出版社，2018.2
ISBN 978-7-5198-1618-6

Ⅰ．①室… Ⅱ．①李… Ⅲ．①装饰墙-室内装饰设计-手册 Ⅳ．①TU238.2-62

中国版本图书馆CIP数据核字（2017）第325832号

出版发行：中国电力出版社
地　　址：北京市东城区北京站西街19号（邮政编码100005）
网　　址：http://www.cepp.sgcc.com.cn
责任编辑：曹　巍
责任校对：闫秀英
装帧设计：弘承阳光
责任印制：杨晓东

印　　刷：北京盛通印刷股份有限公司
版　　次：2018年2月第一版
印　　次：2018年2月北京第一次印刷
开　　本：710毫米×1000毫米　12开本
印　　张：11
字　　数：230千字
定　　价：49.80元

目　录
CONTENTS

背景墙设计与软装搭配 / 要点解析

背景墙设计与软装搭配 / 案例解析

背景墙设计与软装搭配

要点解析

背景墙常用装饰材料

与通常人们认为的每种材料各自营造固定的风格不同，几乎任何材质都可以装饰背景墙，而且每种材料还可以分别表现出截然不同的多样风格。但是各种材料的造价是不同的，在使用时，除了需要考虑如何表现外，还应该结合造价来选材。

背景墙装修常用的材料主要有墙纸、乳胶漆、墙砖、玻璃、墙绘、马赛克、大理石、木饰面板、硅藻泥、文化石等。其中墙纸能起到很好的点缀效果，而且施工简单，更换起来非常方便；用乳胶漆做电视背景墙材料，不仅成本低，用不着独立施工，最重要的是任何喜欢的颜色，乳胶漆都能实现。这两种材料性价比高，应用最广。墙绘、玻璃和马赛克材质适合追求个性时尚的家居装饰风格，装修成本相对不是很高，不过施工相对比较专业。大理石和木饰面板的造价相对较高，适合于高档装修，其中选用木饰面板装饰背景墙，不易与居室内其他木质材料发生冲突，可更好地搭配形成统一的装修风格。硅藻泥与文化石给人质朴自然的感觉，常用于乡村风格的家居装饰。

▲ 装饰背景墙是室内装修必须考虑的重点之一

◎ 经济简约型的背景墙装修材料

乳胶漆　　　　　　　　　墙纸

◎ 时尚个性型的背景墙装修材料

墙绘　　　　　玻璃　　　　　马赛克

◎ 乡村自然型的背景墙装修材料

硅藻泥　　　　　　　　　文化石

◎ 高档品质型的背景墙装修材料

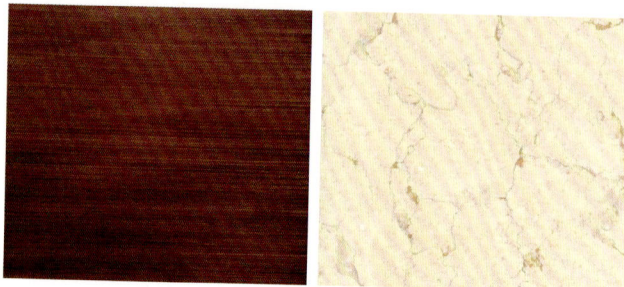

木饰面板　　　　　　　　大理石

墙纸

◎ 根据房间特点选择

朝南或朝东的房间光照充足，墙纸宜选用淡雅的浅蓝、浅绿等冷色调，如果光线非常好，墙纸的颜色可以适当加深一点，来缓合光线的强度，以免墙纸在强光的映射下泛白。此外，不宜大面积使用带反光点或反光花纹的墙纸，如果用得太多，会像在墙面装了很多小镜片，让人觉得晃眼。

朝北或光照不足的房间，墙纸应以暖色为主，如奶黄、浅橙、浅咖等色彩，或者选择色调比较明快的墙纸，以免过分使用深色系而使人产生压抑的感觉。

如果房间原本就显得高挑，可选择横条纹图案。这一类墙纸适合用在大空间中，能使原本高挑的房间产生向左右延伸的效果，平衡视觉。如果房间本身就矮，可以选择竖条状的图案，从而使较矮的房间产生向上引导的效果。

◎ 常见墙纸图案

卷草纹图案

大马士革图案

菱形图案

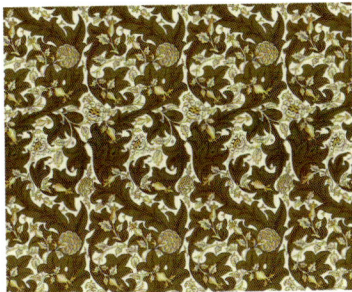
莫里斯图案

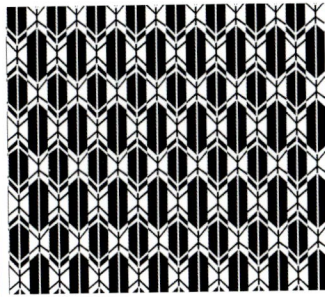
格纹图案

竖条状图案

碎花图案

▲墙纸图案变化万千，可创造出丰富立体的空间效果

▲ 竖条状图案适用于层高较矮的空间

▲ 使用横条状图案能产生左右延伸的效果

▲ 朝北或光照不足的房间，墙纸应以暖色为主

▲ 朝南或朝东的房间，墙纸宜选用淡雅的浅蓝、浅绿等冷色调

◎ 根据房间用途选择

　　客厅墙纸应尽量以浅黄、浅灰、米白等柔和色调为主，色彩跳跃的墙纸可局部使用。因为客厅使用频率较高，不易褪色、防火防潮、方便刷洗的墙纸成为首选。客厅面积较大，可满铺、混合铺、局部铺、搭配木线框等，可针对不同风格，纯色与图案结合、多色混拼、多图案混拼。选择壁画风格的墙纸，不必整屋满铺，如果是定制的个性图案，应注意其颜色与沙发、地毯等周围环境的呼应，才能不显突兀。夸张的花朵主题墙，比简单的装饰画更显大气，明艳色调适合用于素净淡雅的客厅，并通过台灯、靠枕等元素进行呼应。

卧室是家中私密的地方，个性喜好尽在其间，摒弃传统画框的床头装饰，可以选择主题墙纸装饰卧室墙面。不管是冷色还是暖色，大花朵还是小碎花，都可尽情选择。卧室墙纸最好与床品、窗帘、地毯、灯光等元素相呼应，并保证对花准确，过渡自然。单色或图案简单雅致的款式适合四壁满铺，个性或颜色突出的则可考虑单面墙铺贴或床头后方局部铺贴。

▲客厅墙面定制的壁画图案应与周围环境相呼应

▲图案立体感突出的墙纸适合单独铺贴在床头背景墙上

▲客厅墙面的大马士革图案给空间增添华丽气息

▲卧室墙纸图案应和床品布艺的色彩相呼应

▲地图图案的墙纸点明美式风格卧室的主题

餐厅的墙纸可尽量简洁有趣，与环境融合尤为重要。不同色彩图案的墙纸能给人带来不同的感官刺激。餐厅是与客厅紧密相连的次空间，对于墙纸花色的选择需要谨慎。红色使人兴奋，绿色激发食欲，鹅黄烘托就餐气氛。独立式餐厅可以四壁满铺，就餐区可以单面墙整铺或局部铺贴。

▲红色暗花的墙纸可活跃就餐氛围

▲碎花图案的墙纸给餐厅增添田园风情

乳胶漆

选择乳胶漆时先看涂料有无沉降、结块现象。放一段时间后，正品乳胶漆的表面会形成厚厚的、有弹性的氧化膜，不易裂；而次品只会形成一层很薄的膜，易碎，具有辛辣气味。再闻一下涂料有无发臭、刺激性气味。真正环保的乳胶漆应是水性无毒无味的。然后可将少许涂料刷到水泥墙上，涂层干后用湿抹布擦洗。真正的乳胶漆擦一两百次对涂层不会产生明显影响；而低档水溶性涂料只擦十几次即发生掉粉、露底的褪色现象。

最后用木棍将乳胶漆拌匀，再用木棍挑起来，优质乳胶漆往下流时会成扇面形。用手指摸，正品乳胶漆应该手感光滑、细腻。

一般常用的墙面涂刷方法有三种：刷涂、滚涂、喷涂。装修的时候，在衡量各种涂刷方法的优劣后，业主可根据自己的喜好选择最合适的涂刷方法。刷涂最原始也很普遍，优点是简单、省涂料、适合多种形状和涂料品种；缺点是效率低，不适用于快干性涂料，若操作不熟练，漆膜会产生刷痕、流挂、涂刷不均等现象。滚涂适用于大面积施工，优点是效率较高、省漆、修补色差小；缺点是装饰性能稍差，容易出现不均匀的滚筒痕迹。喷涂适合刷高明度涂料，优点是喷涂速度快，光滑细腻，拐角和间隙能很好地上漆；缺点是相较其他涂刷方式来说费漆，另外如果有了磕碰，修补的色差会比滚涂更明显。

刷涂

喷涂

滚涂

▲饱和度较高的黄色系乳胶漆给房间带来活力

▲蓝色乳胶漆墙面作为整个空间的背景色

玻璃

玻璃背景墙可因夸张独特的造型而极具现代感，也可回归传统而体现简约。但即使做平面设计，玻璃背景墙也最好进行造型设计。单纯只用一面玻璃作背景墙显得太过冰冷而不温馨，与其他材料混合搭配使用效果更好。作为上墙的装饰面板，玻璃的选择最好表面要平整，质地要坚硬，建议到正规建材市场进行选购。同时，有条件的业主可选用隔声性好的泡沫玻璃材料，或者抗击性强的钢化玻璃。

▲选择钢化玻璃作为隔断型的电视背景墙，可在视觉上增加空间感

▲雕花玻璃具有装饰性的同时，还能通过反射光线减少狭小空间的压抑感

▲墙绘在有些场合中可以替代装饰画的功能

墙绘

墙绘结合了欧美的涂鸦，被众多前卫业主带入了现代家居文化设计中，形成了独具一格的家居装修风格。墙绘要根据房间大小、家具色彩、摆设以及整体风格来设计，充满创意的墙绘才能做出属于家庭的私家风景。制作时可以采用丙烯颜料完成，施工工艺简单，只要在乳胶漆墙面上都能直接制作。可以用彩漆打底色，然后根据要绘制的图案选择适合色彩的颜料，之后再请专业人士作画。注意做墙绘以前的乳胶漆面层一定要干透。

▲墙绘在有些场合中可以替代装饰画的功能

▲儿童房墙面最适合墙绘的设计

马赛克

马赛克具有防滑、耐磨、防水、极强的可塑性和丰富的颜色，在铺装时最好请专业人员进行施工，不能擅自铺装。因为它对工艺的要求比较高，对平整性和接缝的把握需要一定技巧。一般铺装瓷砖用水泥就可以，但铺装马赛克建议用勾缝剂。因为马赛克的密度比较高，吸水率低，水泥的黏合效果没有勾缝剂好，铺装后无法保证马赛克的牢固性。

如果是面积较小的空间，可以选择中性颜色的马赛克，比如黄色、绿色或米色等没有太大视觉冲击力的色彩。而黑色或深蓝色等颜色会让小空间显得过于压抑。还可以选择几个浅色相互搭配，彰显个性的同时也能起到一定的扩展空间的作用。建议选择亮光面的马赛克，一是利于清洁，二是灯光照射产生反光，会增加空间感。

◎ 常见马赛克材质

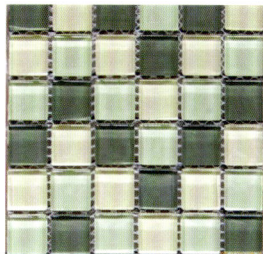
玻璃马赛克

贝壳马赛克

金属马赛克

陶瓷马赛克

▲马赛克拼花可给空间带来浓郁的艺术气息

▲马赛克常用于卫浴间背景墙的装修

木饰面板

木饰面板纹理清爽、颜色天然，可以达到实木的外观效果，造价却远远低于实木。铺贴在电视背景墙上，既能给客厅空间注入自然舒适的气息，又能体现出内敛含蓄的气质。其本身除具有多种木纹理和颜色选择之外，还有哑光、半哑光和高光之分，大面积铺设后，效果十分震撼。在设计的时候应根据不同的装饰风格和相邻的材质，选择恰当的造型和块面分割比例，同时还应考虑后期软装饰的颜色、材质，综合比较后做选择。

◎常见木饰面板材质

樱桃木饰面板

斑马木饰面板

沙比利饰面板

柚木饰面板

水曲柳饰面板

黑檀饰面板

▲橡木饰面板常用于装饰简约风格的空间背景墙

大理石

虽然相比其他电视背景墙装饰材料，大理石的造价稍高一些，但是，大理石高端大气，更能提升家居的档次和品位。大理石表面的色泽度和亮光度相比抛光砖弱，纹理也相对均匀柔和，用在电视背景墙处不会有光污染困扰。如果是厚度超过 25mm 以上的石材，最好是用不锈钢挂件配合干挂胶进行固定。如果是比较薄的石材，可直接用水泥粘贴，注意局部转角和施工困难的地方可用干挂胶粘贴。

▲黑胡桃木饰面板的颜色和纹理适合营造禅意中式氛围

▲黑白根大理石的纹理自然优美，带来高贵典雅的视觉效果

▲ 大理石与生俱来的质感和纹理宛如一幅浑然天成的画面

◎常见大理石材质

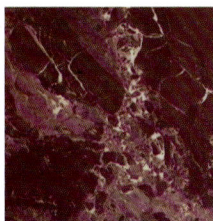

紫罗红大理石

大花绿大理石

西班牙米黄大理石

大花白大理石

爵士白大理石

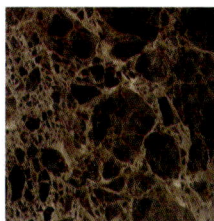

啡网纹大理石

雨林棕大理石

黑白根大理石

文化石

　　文化石吸引人的特点是色泽纹路能保持自然原始的风貌，加上色泽调配变化，能将石材质感的内涵与艺术性展现无遗，符合人们崇尚自然、回归自然的文化理念。铺贴时小块的石头要放在大块的石头旁边，凹凸面状的石头旁边要放面状较为平缓的，厚的砖旁边要放薄的，颜色搭配要均衡等。要使用黏合剂来粘贴，这样会比较牢固，不易脱落，贴好后也可以在砖上面刷白色的乳胶漆，这样会比较别具一格。

▲ 文化石铺贴的壁炉给人以质朴自然的视觉感受

◀ 美式田园风格餐厅中装饰整面文化石背景墙，符合回归自然的居室主题

硅藻泥

硅藻泥是一种会呼吸的装饰材料，它不仅能吸附空气中的有害气体，而且可以调节空气中的湿度。有很多颜色可供选择的同时，还能做出乳胶漆、墙纸所不能达到的自然肌理，适用于各种风格，各种空间的墙面、顶面。质量较好的硅藻泥色彩柔和、手感光滑，不易脱落。在施工时首先要把硅藻泥干粉加水进行搅拌，再先后两次对墙面进行涂抹，之后还需要肌理图案制作，最后进行收光，保证图案纹路。

▲硅藻泥不仅环保，而且是表现乡村风格的最佳元素之一

▲硅藻泥的肌理质感配合灯光的映射，使得墙面富有立体感

背景墙照明设计

电视墙区域照明

在电视墙的灯光设计中，有柔和的反射光作为背景照明就可以。忌用强光照射电视机，因为这样容易引起眼睛疲劳，如果采用射灯类灯饰照明，需留出适当距离。此外，如果电视墙周边的辅助照明灯过多过杂，看电视时会干扰视线，实用性不强，建议减少到最低限度。

电视机附近需要有低照度的间接照明，来缓冲夜晚看电视时电视屏幕与周围环境的明暗对比，减少视觉疲劳。如放一盏台灯、落地灯，或者在电视墙的上方安装隐藏式灯带，其光源色的选择可根据墙面的本色而定。

▲电视机区域通过隐藏的灯带提供低照度的间接照明

▲背景墙照明是营造室内气氛的软装设计形式之一

▲骏马造型的台灯结合顶部的筒灯完成电视墙区域照明

沙发墙区域照明

沙发区域的照明要根据采用的装饰材料以及材料的表面肌理，考虑好照明角度，尽可能突出中心。同时也要考虑坐在沙发上的人的主观感受。过于强烈的光线会让人觉得不舒服，容易对人造成眩光与阴影。可以选择台灯或落地灯放在沙发的一端，让不直接的灯光散射于整个客厅内，用于交谈或浏览书报。也可在墙上适当位置安装造型别致的壁灯，丰富光影效果。如果需要射灯来营造气氛，则要注意避免直射到沙发上。

▲客厅沙发墙区域的照明在突出墙面装饰的同时，还应避免让人觉得不舒服

▲顶部射灯、落地灯以及边几上的小台灯一起组成沙发墙区域的照明

▲壁灯和落地灯都可以很好地提供沙发墙区域照明

卧室床头墙区域照明

床头柜上摆设台灯是卧室床头墙区域照明常见的方式。但有些卧室面积不大，没有空间再摆放床头柜，或者床头柜本来很小，如果再放盏台灯会占去很多空间。很多人习惯靠在床头看书，床头柜上肯定要放几本杂志，所以照明灯光可以考虑设计在背景中，用光带或壁灯都可以。对于面积较小的卧室空间，通常可以根据风格的需要选择小吊灯代替床头柜上的台灯。

▲床头台灯可实现居住者靠在床上看书阅读的局部照明

▲利用床头背景和顶面的点光源烘托卧室的氛围

▲卧室中的壁灯最好安装在床头柜的正上方

背景墙壁灯搭配

壁灯是安装在室内背景墙上的辅助照明灯饰。比较小的空间里，布置灯饰的原则以简洁为主，最好不用壁灯，否则运用不当会显得杂乱无章。如果家居空间足够大，壁灯就有了较强的发挥余地，无论是客厅、卧室、过道都可以在适当的位置安装壁灯，最好是和射灯、筒灯、吊灯等同时运用，相互补充。

壁灯的投光可以是向上或者向下，它们可以随意固定在任何一面需要光源的墙上，并且占用的空间较小，因此居家使用普遍性比较高。常用的壁灯有双头玉兰壁灯、双头橄榄壁灯、双头鼓形壁灯、双头花边杯壁灯、玉柱壁灯、镜前壁灯等。选择壁灯主要看结构、造型，一般机械成型的较便宜，手工的较贵。铁艺锻打壁灯、全铜壁灯、羊皮壁灯等都属于中高档壁灯，其中铁艺锻打壁灯最受欢迎。

◎常见壁灯款式

客厅壁灯搭配

客厅壁灯的安装高度一般控制在 1.7~1.8m，功率小于 60 瓦为宜。沙发墙上的壁灯，不仅具有局部照明的作用，同时还能在会客时增加融洽的气氛。电视墙上的壁灯可以调节电视的光线，使画面变得柔和，起到保护视力的作用。

餐厅壁灯搭配

餐厅如果足够宽敞，那么推荐选择吊灯作为主光源，再配合上壁灯作辅助光是最理想的布光方式。如果餐厅面积并不大，且整个餐厅是靠着墙壁的，可以直接忽略掉吊灯或其他吸顶灯，选择壁灯作为主灯，效果不会比吊灯弱。餐厅灯的亮度不宜过高，只要光线清楚即可，更重要的是，餐厅壁灯最好能够通过光线调节气氛，让就餐的情绪更好。当然，壁灯光线的选择还要和墙壁的颜色相匹配，应避免让光线打到墙上产生刺眼的反光。

▲ 客厅的壁灯起到局部照明与装饰的双重功能

▲ 呈对称造型布置的壁灯使得空间更具仪式感

▲ 餐厅壁灯的主要功能是辅助照明、烘托气氛

▲餐桌靠墙摆放的小餐厅可选择壁灯与铜灯的组合照明

过道壁灯搭配

　　过道空间也需要壁灯进行辅助照明。这个地方的壁灯一般灯光应柔和，安装高度应该略高于视平线，使用时最好再搭配一些别的饰品，比如一幅油画、装饰有插花的花瓶或者一个陈列艺术品的墙面柜等，这样装饰出来的效果更加微妙。

▲欧式风格过道通常选择对称安装壁灯的方式

▲过道背景墙上的壁灯通常起到重点照明的作用

书房壁灯搭配

小户型的书房多考虑造型简约的单头壁灯，而对于较大户型的书房来说，就有了更多的选择空间。一般书房中选择可调节方向和高度的壁灯较为合适，还能替代台灯的功能，比如选择长短杆的壁灯不但功能性十分强，而且对于不同区域可以体现分体照明的作用，同时外观造型十分出众，用在简约风格的书房空间中装修效果非常好。

▲书桌上方的单盏壁灯代替了吊灯的功能

▲可调节方向和高度的壁灯适用于简约风格的书房

▲卧室中的壁灯可以和床头台灯搭配使用

▲乡村风格卧室的背景墙上经常使用铁艺材质的壁灯

卧室壁灯搭配

卧室一般都需要有辅助照明装饰。在床头安装的壁灯，最好选择灯头能调节方向的，灯的亮度也应该能满足阅读的要求。壁灯的风格应该考虑和床上用品或者窗帘有一定呼应，才能达到比较好的装饰效果。安装前应首先确定壁灯距离地面的高度和挑出墙面的距离。通常床头壁灯安装位置高度为距离地面1.5~1.7m，距墙面距离为9.5~49cm。

儿童房壁灯搭配

儿童房的壁灯有非常多的款式，挑选的时候可以考虑与墙面的其他装饰效果相互匹配，以达到特别的效果。例如花瓣或月亮、星星等造型的壁灯显得非常逼真而且具有动感，整体看起来仿佛如现实版的童话世界。但需要注意的是，这种做法需要在早期就选好墙面图案和灯具的形状，在墙面上定位好电线的位置才能确保无误。

▲ 花瓣造型的壁灯为儿童房增添了一丝动感和童话感

▲ 镜面左右两方安装壁灯是最常见的镜前照明形式

卫浴间壁灯搭配

卫浴镜前的壁灯一般安装在镜子两边，如果想要安装在镜子上方，壁灯最好选择灯头朝下的类型。由于卫浴间潮气较大，所选的壁灯都应当具备防潮功能，风格可以考虑与水龙头或者浴室柜的拉手有一定的呼应。

卫浴间壁灯的安装高度一般在距离地面 1440 ～ 1850mm 为宜，位于墙体的 3/4~2/3 处。除此之外，还要考虑全家人的平均身高，一般在平均身高以上的 200mm 略高人头处即可。

背景墙装饰画搭配

　　装饰画是软装设计中常用的配饰，具有很强的装饰作用，在家居空间中的适当位置悬挂装饰画既可以美化环境，又可以给家中带来浓郁的艺术气息。

　　选择装饰画的首要原则是要与空间的整体风格相一致；其次，相对于不同的空间可以悬挂不同题材的装饰画；另外，采光、背景等细节也是选择装饰画时需要考虑的因素。通常古典类的风格适合较为具体的内容，画面也较为精细，能体现出稳重大气的内在。现代风格、禅意风格或者混搭个性风格的空间适合选择抽象画。

　　正确地布置家居装饰画，能够让家居空间焕然一新，但如果装饰画布置不当就会显得杂乱，失去艺术效果，起不到理想的装饰作用。每个家居功能空间布置装饰画的方式各不相同，需要掌握一定的技巧。

▲装饰画的色彩应和室内其他软装元素的色彩相呼应

◎常见挂画形式

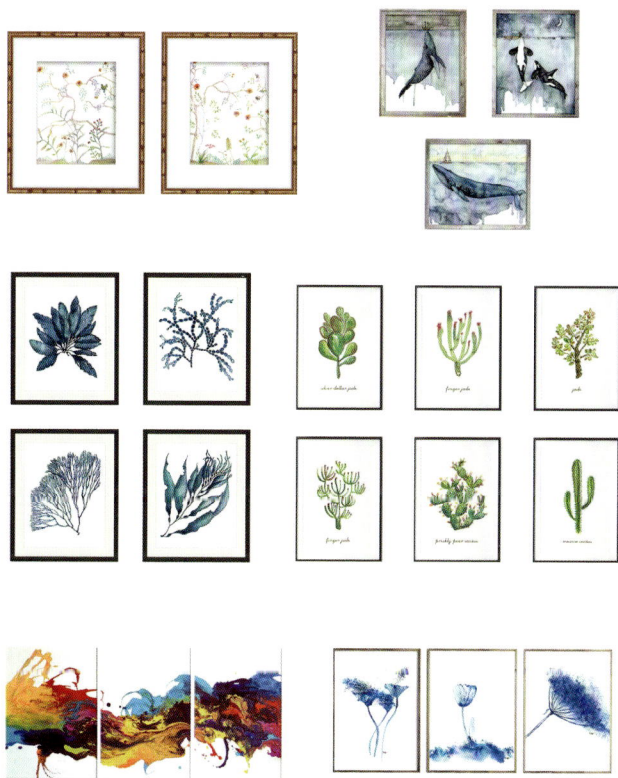

装饰画的风格搭配

居室内最好选择同种风格的装饰画，也可以偶尔使用一两幅风格截然不同的装饰画做点缀，但不可纷繁杂芜。另外，如果装饰画特别显眼，同时风格十分明显，具有强烈的视觉冲击力，最好按其风格来搭配家具、布艺等配饰。

欧式风格空间建议搭配西方古典油画作品；田园风格空间则可搭配花卉题材的装饰画；中式风格空间适合选择中国风强烈的装饰画，水墨、工笔等风格的画作比较适合；现代简约的装饰风格较适合年轻一代的业主，装饰画选择范围比较灵活，抽象画、概念画以及未来题材、科技题材的装饰画等都可以尝试一下；后现代风格特别适合搭配一些具有现代抽象题材的装饰画。

▲ 现代风格装饰画

▲ 后现代风格装饰画

▲ 欧式风格装饰画

▲ 美式风格装饰画

装饰画的合理尺寸

在选择装饰画的时候首先要考虑的是所挂置的墙面大小。如果墙面留有足够的空间，自然可以挂置一幅面积较大的装饰画。可当空间比较局促的时候，就应当考虑面积较小的装饰画。这样不会造成压迫感，同时为墙面适当留出空白更能突出整体的美感。此外，还要注意装饰画的整体形状和墙面搭配，一般来说，狭长的墙面适合挂放狭长、多幅组合或者小幅的画，方形的墙面适合挂放横幅、方形或是小幅画。装饰画的尺寸不可以小于主体家具的 2/3，例如沙发长 2m，那么装饰画的长度则为 1.4m 左右。如果选用组合画进行装饰，例如挂三幅组合画，那么每幅画大概相隔 5~8cm，单幅画的尺寸在 60cm×60cm 左右，具体需要根据实际情况进行调整。

如果在空白墙上挂画，挂画高度最好就是画面中心位置距地面 1.5m 处。有时装饰画的高度还要根据周围摆件来决定，一般要求摆件的高度和面积不超过装饰画的 1/3 为宜，并且不能遮挡画面的主要表现点。当然，装饰画的悬挂更多是一种主观感受，只要能与环境协调即可，不必完全拘泥于数字标准。

1.5m

▲ 装饰画画面中心位置距地面 1.5m 处是挂画的合适高度

▲客厅装饰画的宽度最好略窄于沙发

▲方形墙面适合挂横幅画

◀狭长形墙面适合悬挂长条形挂画

▲单幅装饰画容易成为空间的视觉中心

装饰画的数量选择

　　室内空间的装饰画坚持"宁精勿多"的原则。在一个空间环境里形成一两个视觉点就已经足够。例如在客厅、玄关等墙面挂上一幅装饰画，把整个墙面作为背景，让装饰画成为视觉的中心。不过除非是一幅遮盖住整个墙面的装饰画，否则就要注意画面大小与墙面大小的比例，左右上下一定要适当留白。

　　如果想要在空间中挂多幅装饰画，应考虑画和画之间的距离。两幅相同的装饰画之间距离一定要保持一致，但是不要太过于规则，还需要保持一定的错落感。如果是悬挂大小不一的多幅装饰画的话，不是以画作的底部或顶部为水平标准，而是以画作中心为水平标准。当然同等高度和大小的装饰画就没有那么多限制了，整齐对称排列即可。

▲悬挂多幅装饰画要考虑好画与画之间的距离

背景墙饰品搭配

照片墙的搭配技巧

在打造照片墙之前，首先应根据不同的家居风格，选择相应的相框、照片以及合适的组合方式。

欧式风格空间可以选择质感奢华的金色相框或者雕花相框，并选择尽量规整的排列组合形式，以免破坏华丽古典的整体氛围。

实木相框

发泡相框

美式乡村风格空间中，做旧的木质相框更能表现出复古自然的格调，也可以采用挂件工艺品与相框混搭组合布置的手法。

▲欧式风格照片墙

▲美式风格照片墙

如果是比较时尚前卫的现代风格，相框色彩选择上可以更加大胆，组合方式上也可以更个性化。如果喜欢特殊形状，比如说心形或者是正方形，可以在安装之前画好具体的大小以及位置。

田园风或者小清新格调的照片墙可以选择原木色或者白色的相框，形状建议选择长方形或者是菱形。

▲田园风格照片墙

▲现代风格照片墙

在相框的形状和尺寸上，小的有7寸、9寸、10寸，大的有15寸、18寸和20寸等。布置时可以采用大小组合，在墙面上形成一些变化。至于组合形状，完全可以按照个人的喜好来充分发挥创意。可以选择长方形、正方形、心形、圆形，也可以是菱形、近菱形和不规则形。

圆形照片墙

菱形照片墙

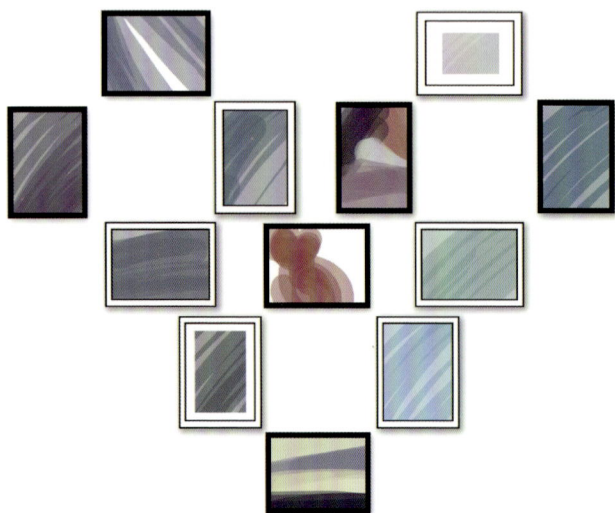
心形照片墙

三角形照片墙

墙面挂镜的搭配技巧

在家居装饰中，不少户型都有面积窄小、进深过长、开间过宽等缺陷，在背景墙上运用镜子做装饰既能够起到掩饰缺点的作用，又能够达到营造居室氛围的目的。镜面有金色、茶色、黑色、咖色等多种颜色，可以根据不同的风格进行选择。不过如果用于家居装饰，可以多考虑采用茶色镜面，茶镜可以营造朦胧的反射效果，不但具有视觉延伸作用，增加空间感，而且比一般镜子更具装饰效果，既可以营造出复古氛围，也可以凸显时尚气息。

◎ 常见挂镜款式

▲挂镜应避免安装在被阳光直射的墙面上

运用挂镜装饰墙面，建议最好将镜子安装在与窗户平行的墙面上，这样做可以将窗外的风景引入室内，增加室内的舒适感和自然感。如果条件不够，挂镜不能安装在这个位置上，那么就要重点考虑反射物的颜色、形状与种类，避免室内显得杂乱无章。此外由于阳光照在镜面上会对室内造成严重的光污染，起不到装饰效果的同时还会对居家主人的身体健康产生影响。所以在为镜子选择位置时，一定要避免被阳光直射的墙面。

狭长的走道常常让人感到不适与局促。要化解这类户型缺陷，可以在走道的一侧墙面上安装大面挂镜，既显得美观，又可以提升空间感与明亮度。但应注意过道中的挂镜宜选择大块面的造型，横竖均可，面积太小的挂镜起不到扩大空间的效果。

▲过道墙上的挂镜除起到装饰作用之外，还可提升空间感

▲客厅挂镜适合布置在壁炉上方

客厅中运用挂镜，首先可以起到装饰作用，例如欧式风格的住宅空间常常在会客厅壁炉上方或者沙发背景墙上装饰华丽的挂镜提升房子的古典气质。其次可以借助镜子的反射延伸视觉。例如对于一些客厅比较狭长的户型来说，在侧面的墙上安装镜子可以在视觉上起到横向扩容的效果，让客厅显得宽敞。

镜子不仅可以在视觉上延展卫浴空间，同时也可以增加光线不好的卫浴间的明亮度。卫浴间中的镜子通常悬挂在盥洗台的上方，在美化环境的同时又方便整理仪容。在注重收纳功能的小户型中，挂镜通常以镜柜的形式出现。

▲挂镜是卫浴间不可或缺的元素之一

▲挂镜对于面积不大的餐厅来说不仅可起到扩容作用，而且还有丰衣足食的美好寓意

餐厅是最适合装饰挂镜的地方，因为餐厅中的镜子可以照射到餐桌上的食物，促进用餐者的味觉神经，让人食欲大增。挂镜也是新古典、中式、欧式以及现代风格餐厅中的常用软装元素，可以有效提升空间的艺术氛围。

▲小户型中挂镜通常以镜柜的形式出现

墙面挂盘的搭配技巧

挂盘需要配合整体的家居风格，这样才能发挥锦上添花的作用。北欧风格崇尚简洁、自然、人性化，可以选择简洁的白底，搭配海蓝鱼元素，清新纯净。麋鹿也是北欧风格常用的元素之一，它寓意着吉祥。将麋鹿图样的组合挂盘，挂置于沙发背景墙，能够为居室增添一股迷人的神秘色彩。欧式田园风格用色较为大胆，图样也更加繁复。挂盘通常以鸟、蝶、花为主题元素，呈现出了生机勃勃与自然质朴的乡村风格。美式风格因为单纯、休闲的特点受到很多人的喜爱，选择色彩复古、做工精致、表面做旧工艺的挂盘会让家居更有格调。新中式风格的空间中，黑白水墨挂盘第一眼就给人浓郁的中式韵味，寥寥几笔就带出浓浓中国风，简单大气又不失现代感。也可用青花瓷作为墙面装饰，如果再加上其他位置青花纹样的呼应，如青花花器或者布艺装饰点缀一二，效果更佳。

▲ 中式风格挂盘

▲ 美式风格挂盘

▲ 北欧风格挂盘

▲ 现代风格挂盘

墙面挂钟的搭配技巧

墙面上放置挂钟是一种很好的装饰，既可以起到装饰效果，又有看时间的实用功能。挂钟品牌很多，选择挂钟主要看挂钟的机芯和外观。现在的挂钟已经可以做到全静音的程度，原理是摒弃以往钟芯嘀嗒嘀嗒的运动方式，采用扫描式运动从而达到静音的效果。现在的挂钟也有很多的款式，不同风格类型的挂钟布置在家中，会产生不同的效果，所以一定要选择与整体风格协调的款式。

◎常见挂钟款式

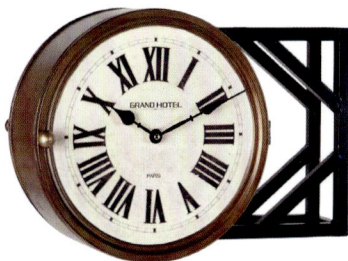

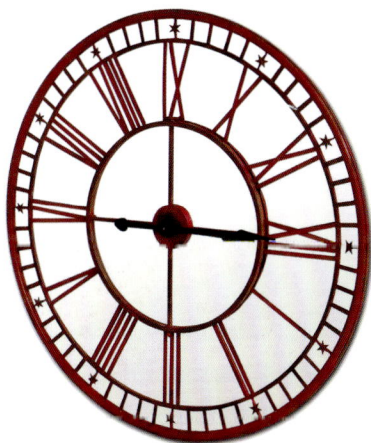

现代风格挂钟

田园风格挂钟以白色铁艺钟居多，钟面多为碎花、蝴蝶图案等小清新画面，尺寸 26~38cm，其中双面壁挂钟装饰效果更佳。美式风格挂钟以做旧工艺的铁艺挂钟和复古原木挂钟为主，可选颜色较多，如墨绿色、黑色、暗红色、蓝色等，钟面以斑驳木板画、世界地图等复古风格画纸装饰，挂钟边框采用手工打磨做旧，规格多样，直径 30~50cm 不等，造型不拘于圆形、方形，其中椭圆形麻绳挂钟、网格挂钟等异形都是不错的选择。现代简约风格挂钟外框以不锈钢居多，钟面色系纯粹，指针造型简洁大气。中式风格挂钟以原木挂钟为主，透过厚重的实木质感体现中式文化的深厚底蕴，红檀色、原木色都是很好的搭配。

美式风格挂钟

田园风格挂钟

中式风格挂钟

背景墙设计与软装搭配

案例解析

▼

玄关背景墙

　　玄关一般都是依墙而设，所以墙面是视线最先的接触点，也是给人留下整体色彩印象之处。玄关的墙面往往与人的视距很近，通常只作为背景烘托，材料和色彩运用应尽量做到单纯统一，给人的感觉要自然而轻松。

居中墙［墙纸＋大花白大理石＋不锈钢线条装饰框］

居中墙［墙纸＋木通花］

右墙［墙纸＋装饰挂件＋木饰面板装饰框］

居中墙［墙纸＋波浪板＋装饰挂画］

玄关墙面挂画的注意事项

　　玄关虽然不大，但若悬挂一些合适的装饰画，不仅能给到访的客人留下美好的第一印象，也能反映出主人高雅的文化品位，烘托室内温馨的氛围。玄关处不宜选择太大的装饰画，以精致小巧、画面简约的无框画为宜。可选择格调高雅的抽象画或静物、插花等题材的装饰画，来展现主人优雅高贵的气质。此外，也可以选择一些吉祥意境的装饰画，如百鸟朝凤画、山水画、吉祥九尾鱼等。挂画的高度以平视视点在画的中心或底边向上 1/3 处为宜。

左墙［墙纸＋装饰挂画］

居中墙［墙纸＋灯带＋实木线装饰套］

居中墙［墙纸＋黑胡桃木饰面板］

左墙［木地板上墙＋黑镜］

左墙［墙纸＋樱桃木饰面板装饰框］

居中墙 [墙纸 + 金属线条装饰框 + 装饰挂件]

左墙 [爵士白大理石 + 木网格]

居中墙 [杉木板 + 文化砖勾白缝]

居中墙 [木花格 + 大理石线条 + 装饰壁龛]

过道背景墙

    在室内的格局中，过道一般能够起到空间功能的连接与划分作用。但过道空间都不会很大，甚至有的走廊是狭长形的，往往会给人以沉闷感。所以过道墙面的设计一般不要做过多装饰和造型，以免占用过多空间显得压抑，通常增加一些具有导向性的装饰品即可。

居中墙 [硅藻泥 + 装饰挂件]

居中墙 [墙纸 + 红檀饰面板 + 茶镜]

右墙 [啡网纹大理石斜铺 + 木质罗马柱]

过道设计壁龛增加展示区

　　过道背景墙上设计壁龛不会占用建筑面积，能够使墙面具有很好的形态表现，同时又具有一定的展示功能。如果是非承重墙，可以按照设计需求，直接切割出理想尺寸的孔洞，顶部加固，背部加背板，形成壁龛；如果是新建或改建隔墙，可以预留出理想尺寸的孔洞，做加固和背板处理即可。壁龛可以根据设计需要，做统一表面处理，或增加搁板，摆上一些饰品摆件，再结合灯光照明使壁龛造型更加突出，从而达到视觉焦点的目的。

居中墙［仿石材墙砖 + 装饰挂画］

居中墙［黑胡桃木饰面板镂空造型］

居中墙［书法墙纸 + 木线条收口 + 木搁板］

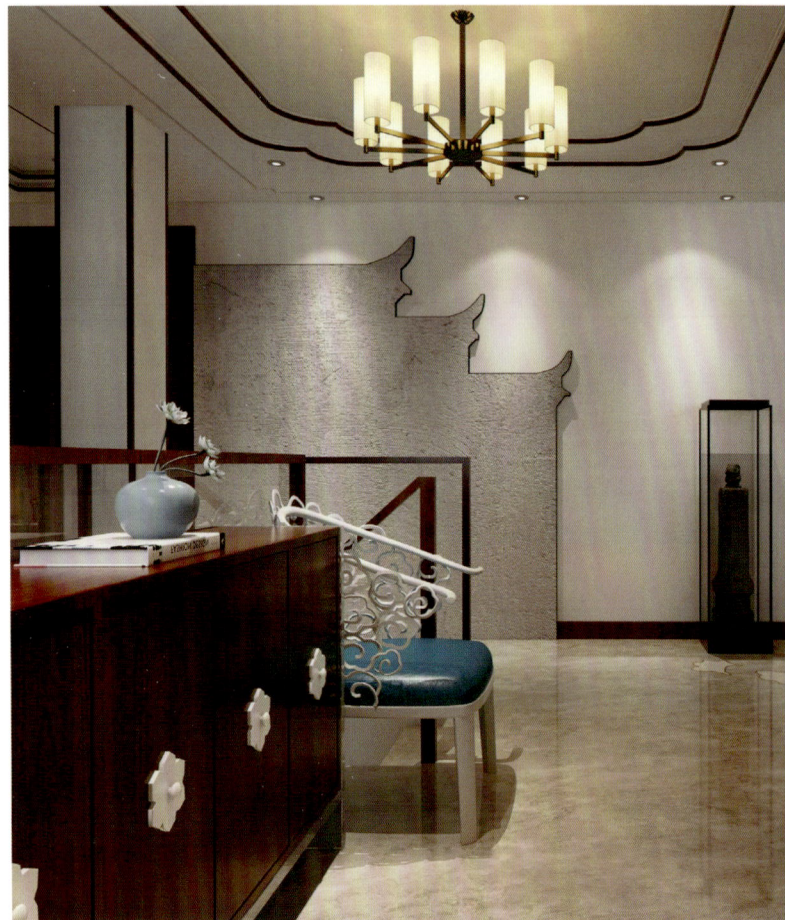

居中墙［石膏板造型 + 硅藻泥］

左墙［仿古砖 + 黑白照片组合］

居中墙［微晶石墙砖］

居中墙 [马赛克拼花 + 大理石装饰框]

居中墙 [马赛克拼花]

右墙 [涂鸦墙]

居中墙 [石膏板造型 + 墙纸]

居中墙 [微晶石墙砖 + 木饰面板装饰框]

居中墙 [艺术墙纸]

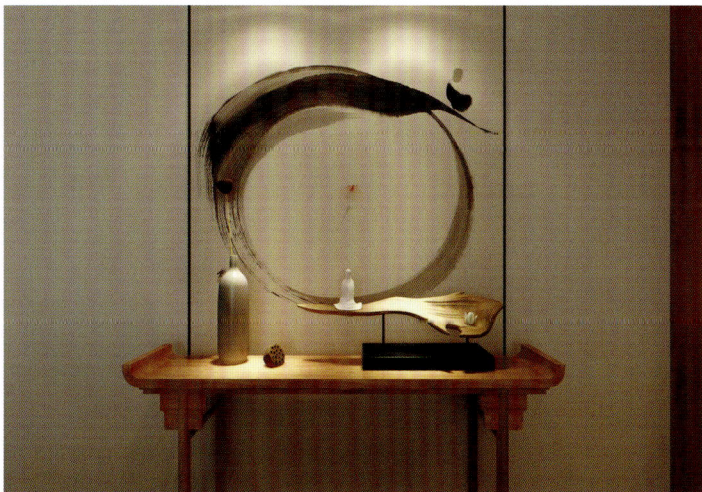
居中墙 [艺术墙绘]

过道工艺品挂件的搭配要点

在居室中，人在过道的驻足时间虽然不长，但此处的装饰不可忽略。过道工艺品挂件选择的原则是不仅要与室内风格相协调，而且不能影响人的正常通行。通常除了装饰画以外，在墙面上悬挂两束花草也能起到很好的装饰作用，在增添自然活力的同时还会为过道营造出一种轻松阳光的氛围。但并不是所有的花都适合挂在墙上或放在花架上，要根据花的习性与室内的采光选择合适的植被，也可选择仿真系列的花草，以轻便易打理为佳。

电视背景墙

    电视背景墙是整个室内装修中最关键也最不容易忽视的一个地方。它的造型装饰并不多，常见的有对称式、非对称式、复杂构成和简洁造型等。在普通家庭装修的设计中，对称式、非对称式和简洁造型是使用比较多的。而在一些别墅设计中，因为层高的不同，往往电视背景墙采用复杂构成的方式设计。

电视墙［木线条装饰框刷白 + 彩色乳胶漆］

电视墙［大花白大理石 + 木线条装饰框］

电视墙［大花白大理石 + 木线条密排］

电视墙［石膏板造型 + 悬挂式电视柜］

电视墙［墙纸 + 木线条收口］

电视墙［墙纸 + 木搁板］

电视墙设计与建筑墙体的关系

　　房间的基本墙面一般分为支撑整栋楼的承重墙和隔间用的轻质砖面墙两种，小尺寸的液晶电视和空调室内挂机都可以安全地挂在轻质砖墙上，但如果要往石膏板做的电视背景墙上挂置平板电视，则必须要在里面加实心木板。而 50 英寸的大屏幕平板电视，特别是等离子电视机，则最好挂在承重墙上比较安全。当然在装修时也应尽量把需要挂墙的设备规划清楚，以免装修完成之后产生不必要的麻烦。

电视墙［木搁板 + 悬挂式书桌］

电视墙［白色文化砖 + 陶瓷马赛克铺贴］

电视墙［文化砖勾白缝 + 石膏罗马柱］

电视墙［彩色乳胶漆 + 黑镜］

电视墙［彩色乳胶漆 + 石膏罗马柱］

电视墙［灰色乳胶漆 + 木线条装饰框］

电视墙［大理石壁炉造型 + 彩色乳胶漆］

电视墙［硅藻泥＋装饰壁龛＋木线条装饰框］

电视墙［定制展示柜］

电视墙［浅咖网纹大理石＋木搁板］

电视墙［木线条密排＋木搁板］

电视墙［仿砖纹墙纸］

电视墙［布艺软包＋不锈钢线条收口］

电视墙的色彩设计重点

　　电视墙采用不同的色彩，创造的客厅空间性格形象是不一样的。一般而言，黑白灰、无彩色系列能表达静谧、严谨的特点，同时也表达出简洁、明快、现代等风格；浅黄色、浅棕色等明度高的色彩，能传达出清新自然的气息；艳丽丰富的色彩，则可以表现出十足的活力，适合时尚风格的客厅。此外，电视墙的色彩还需考虑室内光线、层高、风格和材质本身的固有色，才能够达到理想的效果。

电视墙［木花格＋墙纸＋装饰挂盘］

电视墙［大花白大理石＋嵌入式展示柜］

电视墙［仿石材墙砖］

电视墙［木花格＋米黄大理石］

电视墙［木纹大理石拼花＋橡木饰面板＋装饰壁龛］

电视墙［布艺软包＋嵌入式收纳柜＋茶镜］

电视墙［大花绿大理石圆形造型＋木线条密排］

电视墙［木格栅＋艺术墙纸＋木线条收口］

电视墙［石膏板雕刻书法＋墙纸］

电视墙［木饰面板拼花＋不锈钢线条］

电视墙［布艺硬包＋木线条装饰框］

电视墙［木花格＋定制展示架］

电视机挂墙应避免出现繁乱的连线

在家居装修过程中，很多业主会选择把电视机挂到墙上，这样既可以节约空间又以最大限度地保护电视机的安全，但是电视机纷繁复杂的接口，带来的是各种烦人的连线。如何隐藏电视机挂墙时暴露出的各种接口连线，应该在装修的时候就考虑进去。比如可以在电视墙侧面增加一些挡板或者立体扣件等装饰，让连线从背后过去。如果是装修完成的环境，也可考虑增加一些遮盖性装饰物。

电视墙［硅藻泥 + 石膏雕花件］

电视墙［橡木饰面板］

电视墙［黑色烤漆玻璃］

电视墙［红砖刷白 + 硅藻泥］

电视墙［石膏壁炉造型 + 彩色马赛克］

电视墙［硅藻泥 + 装饰壁龛］

电视墙［多色仿古砖斜铺 + 米黄大理石收口］

电视墙［墙纸＋嵌入式收纳柜］

电视墙［木纹大理石拼花＋不锈钢线条收口］

电视墙［墙纸＋茶镜＋木线条收口］

电视墙［墙纸＋石膏板造型＋灰镜］

电视墙［布艺硬包＋木花格贴银镜］

电视墙［艺术墙纸＋斑马木线条装饰框］

黑白色电视墙凸显时尚气息

在现代风格的客厅中，运用黑白色装饰电视墙十分常见。黑白色是最基本和最简单的搭配，灰色属于万能色，可以和任何彩色搭配，也可以帮助两种对立的色彩和谐过渡。黑色与白色搭配，使用比例上要合理，分配要协调。过多的黑色会使家失去应有的温馨，如果以灰色的纹样作为过渡，两色空间会显得鲜明又典雅。但要注意的是，纯粹以黑白为主题的电视墙也需要点睛之笔。不然满目皆是黑白，沉闷无变化，家里就缺少了许多温情。

电视墙 [山水大理石 + 定制展示柜]

电视墙 [中式墙纸 + 木线条装饰框 + 中式挂落]

电视墙 [杉木板装饰背景刷蓝色漆 + 不锈钢线条]

电视墙 [米白色墙砖 + 银镜]

电视墙 [浅啡网纹大理石 + 黑胡桃木饰面板]

电视墙 [墙纸 + 钢化清玻璃 + 不锈钢包边]

电视墙 [定制展示架]

电视墙［米黄大理石 + 不锈钢线条造型］

电视墙［墙纸 + 木饰面板拼花 + 不锈钢线条收口］

电视墙［艺术墙纸 + 木纹大理石］

电视墙［仿石材墙砖 + 银镜 + 墙纸］

电视墙［布艺软包 + 悬挂式电视柜］

电视墙［真丝手绘墙纸 + 木花格］

电视墙［真石漆 + 木搁板 + 木线条收口］

电视墙 [大花白大理石 + 银镜 + 大理石装饰框]

电视墙 [墙纸 + 祥云造型壁饰 + 大理石装饰框]

电视墙 [大花白大理石 + 木格栅]

电视墙 [墙布 + 树叶造型装饰挂件]

电视墙 [木花格 + 木线条密排 + 黑镜]

电视墙［木纹大理石拼花］

电视墙［墙纸 + 定制展示柜］

电视墙［墙纸 + 灰镜 + 不锈钢线条收口］

电视墙［墙纸 + 陶瓷马赛克］

电视墙［墙纸 + 密度板雕花刷白贴银镜］

电视墙［大花白大理石 + 黑镜］

电视墙的图案搭配

电视墙上运用纵横交错的直线组成网格图案，会使空间富有稳定感；斜线、波浪线和其他方向性较强的图案，则会使空间富有运动感。此外，图案还能使空间环境具有某种气氛和情趣。例如有些带有退晕效果的墙纸，可以给人以山峦起伏、波涛翻滚之感；电视墙贴上立体图案的墙纸，让人看上去会有凹凸不平之感。带有具体图像和纹样的图案，可以使空间具有明显的个性，甚至可以具体地表现某个主题，营造富有意境的空间环境。

电视墙［墙纸＋木线条收口］

电视墙［文化砖＋装饰方柱］

电视墙［墙纸＋定制收纳柜］

电视墙［墙纸＋定制收纳柜］

电视墙［文化砖＋木质造型］

电视墙［木纹大理石＋木线条装饰框］

电视墙［仿石材墙砖＋灰镜］

电视墙［艺术墙纸 + 木线条收口］

电视墙［墙纸 + 嵌入式收纳柜］

电视墙［大花绿大理石 + 木搁栅 + 木搁板］

电视墙［定制壁画 + 木花格］

电视墙［墙纸 + 不锈钢线条造型］

电视墙［墙纸 + 定制收纳柜］

天然石材装饰电视墙

　　家装中石材的选择最好不要一概而论，家中不同的地点，根据不同的使用需求石材的选择也会有所差异，选购石材不仅需要着重外观，其性能和质量也同样重要。电视墙使用天然石材装饰时要注意不同石材的纹理差异，在施工之前最好先在地面上拼出图案，把纹理差别比较大的挑出来。建议不要直接用砂浆把石材铺贴到墙面上，可以采取干挂的方式，或者在墙面加一层木工板然后用胶粘的方式来铺贴，以此来减少墙体自然开裂对石材的损坏。

电视墙［艺术墙纸］

电视墙［木纹大理石＋仿古砖］

电视墙［墙纸＋木线条装饰框］

电视墙［大花白大理石＋银镜］

电视墙［石膏板造型拓缝＋灰镜］

电视墙［黑胡桃木饰面板＋黑镜＋木搁板］

电视墙［洞石＋大理石搁板］

电视墙［布艺软包 + 银色小鸟挂件］

电视墙［木饰面板刷灰色漆 + 不锈钢线装饰框］

电视墙［墙纸 + 镜面马赛克］

电视墙［仿石材墙砖拼花 + 白色护墙板］

电视墙［木地板上墙］

仿石材瓷砖装饰电视墙

　　仿石材瓷砖使不同瓷砖之间的衔接更自然和谐，不仅避免了天然石材存在瑕疵的缺点，也能够根据个人的喜好随意搭配铺贴，避免了空间使用的不环保，同时继承了传统石材的天然纹理及高贵的外观。不仅没有放射性，而且还避免了其色差强度不均的缺陷。但是仿石材瓷砖的硬度和吸水性不及传统墙砖，如果要将其贴在电视墙上，使用传统水泥砂浆铺贴容易导致大面积空鼓脱落，推荐选用瓷砖黏结剂，用薄贴法铺贴。

电视墙 [墙纸 + 大花白大理石装饰框]

电视墙 [微晶石墙砖 + 大理石装饰框 + 木花格贴银镜]

电视墙 [石膏板造型 + 黑镜]

电视墙 [石膏板造型刷彩色乳胶漆]

电视墙 [杉木板装饰背景 + 大理石装饰框]

电视墙 [蓝色护墙板]

电视墙 [墙纸 + 木质护墙板]

电视墙［白色烤漆面板 + 壁龛嵌灰镜］

电视墙［定制收纳柜］

电视墙［石膏板造型刷白 + 墙纸］

电视墙［墙纸 + 不锈钢线条造型］

电视墙［皮质硬包 + 橡木饰面板］

电视墙［米黄大理石 + 彩色乳胶漆］

木地板安装上墙的注意事项

木地板独特的木质纹理，朴实又不失格调，相较于壁纸、涂料等，铺在电视墙上能带给人更多视觉上的冲击。由于实木地板的变形系数相对较高，因此不建议把实木地板铺在墙面上，而强化复合地板更适宜用于墙面铺装。相比实木地板，强化复合木地板造型效果较好，价格也相对便宜。木地板上墙的铺装方法主要为背板铺贴法。即地板铺装前，将背板材料固定在墙面上，然后再将上墙的木地板与背板材料钉在一起。

电视墙 [石膏板造型刷白 + 灰色乳胶漆]

电视墙 [柚木饰面板 + 木花格贴银镜]

电视墙 [布艺硬包 + 装饰壁龛 + 铁刀木饰面板]

电视墙 [硅藻泥 + 木搁板 + 木花格贴茶镜]

电视墙 [波浪板 + 啡网纹大理石线条装饰框]

电视墙［布艺软包 + 樱桃木饰面板］

电视墙［杉木护墙板 + 定制收纳柜］

电视墙［墙纸 + 黑镜 + 印花玻璃］

电视墙［墙纸 + 不锈钢线条装饰框］

电视墙［洞石 + 雨林棕大理石］

电视墙［米黄大理石凹凸铺贴 + 茶镜］

木线条装饰电视墙

　　木线条质地坚硬，表面经过机械加工处理，耐磨耐腐蚀，一般用于镜框线、墙边线等地方。使用木线条装饰电视背景墙，可进行局部或整体设计，造型可多种多样，如做成装饰框或按序密排。木线条安装同时使用钉装与粘合方法。施工时应注意设计图样制作尺寸正确无误，弹线清晰，这样安装位置才能正确。木线条接合时要求接缝无错边，割角整齐，角度一致，每块都要找准后方可进行下一块的安装。

电视墙［布艺软包 + 定制壁画 + 定制展示柜］

电视墙［布艺软包 + 木质护墙板］

电视墙［皮质软包］

电视墙［艺术墙绘 + 彩色乳胶漆 + 木线条装饰框］

电视墙［橡木饰面板 + 墙纸］

电视墙［仿古砖 + 密度板雕花刷白贴银镜］

电视墙［墙纸 + 布艺软包］

电视墙［微晶石墙砖 + 定制展示柜］

电视墙［米黄大理石 + 白色护墙板］

电视墙［木花格 + 实木装饰柱］

电视墙［布艺软包 + 白色护墙板］

电视墙［木花格 + 木搁板］

电视墙［石膏板造型嵌黑镜 + 墙纸］

电视墙采用红砖刷白的设计方式

　　制作红砖刷白的电视墙造型一般有两种方法，稍复杂的是将电视墙打掉，然后再用红砖按照工字形的方法砌筑；还有就是直接利用外墙砖进行同种方法的贴面，最后统一进行乳胶漆的喷白。相对来说，红砖砌筑的方式效果更好，但注意在砌墙的时候，应选择一些相对比较平整的砖，太粗犷的话比较难勾缝，也会导致很多砂浆露在砖的外面，影响最终的效果。如果担心反碱的问题，可以考虑用清漆先刷一遍再刷腻子。

电视墙［大理石壁炉造型 + 装饰挂画 + 橡木饰面板］

电视墙［墙纸 + 金属线条］

电视墙［大花白大理石造型 + 定制收纳柜］

电视墙［大花白大理石 + 布艺硬包 + 灰镜］

电视墙［布艺硬包 + 灰镜 + 不锈钢线条装饰框］

电视墙［木格栅］

电视墙［中式实木雕花］

电视墙［米黄大理石 + 墙纸］

电视墙［布艺硬包 + 铁艺构花件］

电视墙［石膏板造型 + 人造大理石台面］

电视墙［布艺软包 + 金属线条收口 + 夹丝玻璃］

微晶石装饰电视墙

　　微晶石的表面特点与天然石材极其相似，加之材料形状多为板材，因而将其称作微晶石材，也叫微晶石。根据微晶石的原材料及制作工艺，可以将其为三类：无孔微晶石、通体微晶石、复合微晶石。微晶石的图案、风格非常多样，在选择微晶石装饰电视背景墙时需要注意和整体家居风格匹配。施工时，铺贴用的瓷砖型号、色号和批次等要一致。铺贴造型一般以简约的横竖对缝法即可。建议预演铺贴一下，以找到最合适的铺贴方案再施工。

电视墙 [山水大理石 + 木花格贴银镜]

电视墙 [墙纸 + 装饰挂件]

电视墙 [大花绿大理石 + 大花白大理石 + 木线条密排]

电视墙 [大理石展示架 + 灰镜 + 布艺软包]

电视墙 [米黄大理石 + 钢化清玻]

电视墙 [大花白大理石 + 墙纸 + 彩色乳胶漆]

电视墙［彩色乳胶漆 + 木线条装饰框］

电视墙［文化石 + 装饰壁龛］

电视墙［微晶石墙砖 + 大理石罗马柱］

电视墙［布艺软包 + 银镜倒角］

电视墙［石膏板造型 + 木线条打方框］

电视墙［石膏板造型 + 陶瓷马赛克 + 装饰壁龛］

确定电视柜尺寸的要点

首先，一般电视柜的长度要比电视机的宽度至少要长 2/3，这样才可以营造一种比较合适的视觉感，让人看电视时可以把注意力集中到电视机上面。其次，电视柜的尺寸需要与电视墙配合，两者要和谐。此外，因为居家看电视时一般都会坐到沙发上，所以电视柜的高度要求在人坐上沙发后，视线与电视机的基点处在同一个水平位置，一般在 40~60cm。如果挑选非专用电视柜做电视柜用，70cm 高的柜子为高限，如果高于这个高度容易形成仰视，损害颈椎健康。

电视墙［彩色乳胶漆］

电视墙［布艺软包 + 木线条］

电视墙［山水大理石 + 木花格］

电视墙［洞石 + 白色护墙板］

电视墙［橡木饰面板 + 嵌入式展示架］

电视墙［木纹墙砖 + 灰镜］

电视墙［墙纸］

电视墙［皮质硬包 + 墙纸］

电视墙［墙纸 + 墙面柜］

四种常见电视柜的特点

矮柜式电视柜

矮柜式电视柜是家居生活中使用最多、最常见的电视柜，根据摆放电视机那面墙的长度以及房间的风格，有很多种样式可供选择。矮柜式电视柜的储物空间几乎是全封闭的，而且方便移动，无论是放在客厅还是卧室中，只占据极少的空间就能起到很好的装饰效果。

悬挂式电视柜

悬挂式电视柜最大的特点就是悬挂在墙上与背景墙融为一体。更多的时候，悬挂式电视柜的装饰作用超过了实用性。有些悬挂电视柜还兼具收纳柜的作用，既节省了空间，又增加了储物能力。但悬挂电视柜由于其空间特性，载重量不如立式电视柜，因而在悬挂式电视柜上最好不要摆放过多的饰品或者杂物。

组合式电视柜

组合式电视柜的特点是可以和酒柜、装饰柜、地柜等家居柜子组合在一起，虽然比较占用空间，但具有更实用的收纳功能。可以采用定做组合柜的方式对客厅空间加以合理的规划，使其面积最大化利用起来。定做之前应先仔细测量客厅面积，根据整个空间，明确组合柜的摆放位置和尺寸大小。

隔断式电视柜

以隔断式的电视柜作为背景墙，既划分了功能区又与整个空间融为一体，隔而不断，这种布置方式可谓一举多得，另外也在视觉上起到了扩容空间面积的作用。

电视墙 [仿石材墙砖 + 木花格贴灰镜 + 陶瓷马赛克]

电视墙 [墙纸 + 彩色乳胶漆]

电视墙 [真丝手绘墙纸 + 木线条收口刷银漆]

电视墙 [大花白大理石 + 木花格]

电视墙 [布艺软包 + 木线条收口 + 墙纸]

电视墙 [布艺软包 + 大理石装饰框]

电视墙 [皮质硬包 + 不锈钢线条装饰框]

电视墙［橡木饰面板］

电视墙［墙纸 + 石膏板挂边］

电视墙［大花白大理石 + 黑镜］

电视墙［墙纸 + 定制收纳柜］

电视墙［木质装饰背景刷白］

电视墙［石膏板造型 + 墙面柜］

悬挂式电视柜的设计特点

在当前流行时尚简约的大环境下，越来越多的家庭放弃选择那种复杂的立式电视柜，转而选购悬挂式电视柜。这类电视柜最大的特点就是悬空，悬挂在墙上与背景墙融为一体。更多的时候，悬挂式电视柜的装饰性超过了实用性。有些悬挂式电视柜还兼具收纳柜的作用，既节省空间又增加了储物功能。但悬挂电视柜受制于其空间特性，承重量不如立式电视柜，因而在悬挂式电视柜上最好不要摆放过多的饰品或者杂物，尤其是大电器。

电视墙 [灰色墙砖 + 黑镜]

电视墙 [布艺软包 + 灰镜]

电视墙 [雨林棕大理石 + 白色护墙板]

电视墙 [艺术墙纸 + 木格栅]

电视墙 [黑色烤漆面板 + 悬挂式电视柜]

电视墙 [布艺硬包 + 大理石线条收口]

电视墙 [墙纸 + 陶瓷马赛克]

电视墙 [啡网纹大理石 + 壁龛嵌黑镜]

电视墙 [布艺软包 + 不锈钢线条装饰框 + 橡木饰面板]

电视墙 [彩色乳胶漆 + 墙贴]

电视墙 [木质造型贴金箔 + 茶镜]

电视墙 [大理石壁炉造型 + 布艺硬包]

砖砌地台代替电视柜表现地中海风格

　　砖砌地台在地中海风格的客厅中应用很广泛，可以满足电视柜的使用。施工时应尽量处理成圆边圆角，这样就算家里有老人或小孩也不会有危险。如果在台面上粘贴马赛克进行装饰，显得别有一番清新韵味。马赛克的装饰效果极强，往往局部的点缀就可以让气氛活泼很多。但要注意家庭装修选用马赛克时，颜色应以素色为佳，不要选太花的颜色和图案，否则容易使人感到视觉疲劳。

电视墙 [密度板雕花刷白]

电视墙［浅咖网纹大理石］

电视墙［木纹大理石拼花 + 墙纸 + 米黄色墙砖］

电视墙［米黄大理石拼花 + 大理石罗马柱］

电视墙［文化砖勾白缝 + 木搁板］

电视墙［米黄大理石 + 木花格］

电视墙［仿砖纹墙纸 + 悬挂式电视柜］

电视墙［大花白大理石 + 装饰方柱］

电视墙［布艺硬包＋墙面柜］

电视墙［木纹大理石］

电视墙［微晶石墙砖＋大理石装饰框］

电视墙［木地板上墙＋大理石装饰框］

电视墙［皮质硬包＋木饰面板装饰框］

电视墙［布艺硬包＋铆钉装饰］

电视墙［木纹大理石＋定制装饰柜］

沙发背景墙

　　沙发背景墙作为客厅装饰的一部分，在色彩的把握上一定要与整个空间的色调相一致。如果沙发背景墙面积小，用墙纸、壁布做装饰最简单，只要看好颜色和图案适合客厅风格就可以了；如果沙发背景墙面积较大，无论横向还是纵向，都可以充分利用，为了避免单调，可以用两三种不同材料来进行切割和造型，或者进行立体构图体现层次感。

沙发墙［彩色乳胶漆＋石膏线条装饰框］

沙发墙［布艺硬包＋装饰挂件］

沙发墙［大花白大理石＋黑白根大理石］

沙发墙［墙纸＋彩色乳胶漆＋银镜］

沙发墙［灰色乳胶漆＋装饰挂件］

沙发墙［艺术屏风＋银镜＋斑马木饰面板］

沙发背景墙上安装搁板

　　形形色色的搁板受到很多年轻业主的喜爱，但注意沙发背景墙上的搁板不能太多，放置的物品也要注意别太杂乱，因为毕竟搁板是一个开放式的储物空间。相同尺寸、色彩和谐的书本，精致的小摆件，富有垂挂感的绿色植物等都会是搁板的最佳搭档。如果是成品搁板，在装修时一定要提前考虑好所需要的款式和尺寸。留下足够的空间来安装搁板。如果是叫木工制作搁板的话，因为很难再移动，所以一定要事先想好家具的摆放。

沙发墙［木质屏风］

沙发墙［仿石材墙砖＋镂空木雕屏风］

沙发墙［布艺软包＋金色镜面玻璃斜铺］

沙发墙［墙纸＋木线条收口＋木格栅贴灰镜］

沙发墙［烤漆玻璃＋金属线条＋照片组合］

沙发墙［微晶石墙砖＋大花白大理石装饰框］

沙发墙［柚木饰面板＋银镜］

沙发墙 [布艺软包 + 蝴蝶造型壁饰 + 木花格]

沙发墙 [墙纸 + 青砖勾白缝 + 木线条]

沙发墙 [布艺硬包 + 木线条装饰框]

沙发墙 [布艺软包 + 枫木饰面板]

沙发墙 [米白色墙砖斜铺 + 黑镜]

沙发墙 [蓝色护墙板 + 橡木饰面板]

沙发墙上定做吊柜的注意事项

如果客厅面积有限，想在沙发背景墙上做吊柜增加储物功能，首先应考虑柜体边缘是否会撞到头；其次，直接在沙发上方定做吊柜时，选用后靠背沙发更加安全，可以避免磕碰。另外，如果深度足够，可以在沙发与背景墙之间留有走路的通道，将整面墙都做成具有装饰功能的收纳柜。柜体可以选择浅淡的色彩，融入整体墙面中，再搭配深颜色的沙发、颜色突出的地毯，就能压住空间。小空间不建议柜体做成深色，因为这样容易增加空间的压抑感。

沙发墙［艺术屏风 + 布艺软包］

沙发墙［硅藻泥 + 杉木板装饰造型 + 小鸟挂件］

沙发墙［文化砖 + 定制书架］

沙发墙［定制展示架］

沙发墙［石膏板造型刷彩色乳胶漆 + 银镜］

沙发墙［布艺软包 + 黑镜 + 不锈钢线条装饰框］

沙发墙［彩色乳胶漆 + 装饰挂画］

沙发墙［墙纸 + 不锈钢线条装饰框 + 银镜］

沙发墙［彩色乳胶漆 + 木线条装饰框］

沙发墙［木线条装饰框刷白 + 银镜］

沙发墙［艺术油画 + 木饰面板装饰框刷白］

沙发墙［木饰面板装饰框刷白 + 马赛克拼花］

沙发墙［布艺硬包 + 瓷盘挂件 + 木线条收口］

沙发墙上设计个性壁画的注意事项

　　个性壁画已经被越来越多的业主选择和接受，应用在沙发背景墙上可以起到画龙点睛的作用。在家庭装修中，一般更多的是选用常规材料如 PVC、无纺纸、无纺布。PVC 的优势在于易打理可擦洗。而无纺纸的优势在于其环保性能。有些壁画的尺寸较大，需要分块拼贴，拼贴起来就是一幅完整的画面，且没有重复的画面。如果壁画贴在墙面的中心部分，可以给壁画的四周加上边框，既解决了壁画的收口问题，也能凸显出背景的主体。

沙发墙［木线条密排 + 装饰挂件］

沙发墙［大花白大理石 + 木线条收口 + 墙纸］

沙发墙［布艺硬包 + 装饰挂件］

沙发墙［实木雕花 + 木花格贴银镜］

沙发墙［墙纸 + 不锈钢线条］

沙发墙［枫木饰面板套色 + 车边灰镜倒角］

沙发墙［砂岩浮雕 + 大理石装饰框］

沙发墙 [布艺软包 + 装饰挂件 + 不锈钢线条装饰框 + 柚木饰面板]

沙发墙 [布艺软包 + 柚木饰面板]

沙发墙 [真丝手绘墙纸 + 木花格贴灰镜]

沙发墙 [青砖勾白缝 + 木格栅 + 墙纸]

沙发墙 [青砖 + 木线条收口 + 墙纸]

沙发墙 [月洞窗 + 木格栅]

利用嵌入式储物柜设计沙发墙

　　收纳最重要的一点是储物空间的大小，其次就是隐藏得好不好。如果收纳空间很多但看起来乱七八糟，这个设计一定是不美观的。嵌入式的收纳柜则是小户型客厅最钟爱的设计，也十分省空间。不过这种设计适合用于比较深一点的墙体，这样才可以保证嵌入式收纳柜里面有足够的空间。设计时，如果是想隐蔽柜体空间的话，建议选用和墙壁相似颜色的材质，这样可以使得墙面看起来和谐流畅。

沙发墙［水泥烧结板 + 装饰挂件］

沙发墙［嵌入式书架 + 墙纸］

沙发墙［布艺硬包 + 木线条装饰框］

沙发墙［布艺软包 + 灰镜 + 不锈钢线条收口］

沙发墙［木线条密排 + 木搁板］

沙发墙［布艺软包 + 木质凹凸造型刷白］

沙发墙［彩色乳胶漆 + 木线条装饰刷白］

沙发墙［布艺软包 + 不锈钢线条 + 装饰挂件］

沙发墙［布艺软包 + 木花格］

沙发墙［木格栅 + 壁画］

客厅照片墙的设计要点

　　客厅是平时待客的地方，将居室主人喜欢的照片在这里进行展示，不但可以使空间更温馨，还可以用图像的方式把自己的故事讲述出来。沙发背后的墙面比较开阔，如果想做成密集感的照片墙首选此块区域，可轻松打造出客厅视觉焦点。此外还可以选择两面墙的转角处，起到相互呼应的效果。如果将喜欢的照片制作成电视背景墙，也是一个不错的选择。

　　客厅照片墙的尺寸可以自己调节，留白的方式更富有文艺气息。相框颜色的选择需要和装修的整体风格相一致，空间整体色调偏冷时，可以选择暖色调的地毯和抱枕进行装饰。如果觉得矩形的相框略显呆板，可以选择圆形的装饰元素。如果相框数量多且尺寸差异较大的话，选择上下轴对称为好，但不要形成镜面反射般的精确对称，这样会显得过于死板。

沙发墙［壁画 + 中式木花格］

沙发墙［墙纸 + 木线条收口］

沙发墙［装饰挂画 + 橡木饰面板］

沙发墙［密度板雕花喷金漆］

沙发墙［木质装饰造型］

沙发墙［黑镜＋墙纸＋大理石线条装饰框］

沙发墙［木花格贴银镜＋艺术挂件］

沙发墙［墙纸＋灰镜＋木线条收口］

沙发墙［布艺硬包＋金属线条收口］

沙发墙［黑镜磨花＋白色护墙板］

沙发墙［米黄大理石＋黑镜］

沙发墙上的挂画技巧

如果拥有足够大的挑高客厅，可以将数幅大小各异、风格不同的装饰画铺满整面墙。当然，在挂的时候要巧花心思地将它们组合起来。可以选择大幅的人物画，中幅的风景画，不讲对称、不讲顺序地铺排，从墙顶一直到墙角。如果客厅没有挑高，但面积足够大，也可以在沙发墙上悬挂一整幅油画，但色彩不要过于浓烈，可以根据居室主人的喜好挑选合适的风格。而如果客厅不大，则可以选择一幅面积适中但色彩较为浓烈的长条形静物油画横挂于沙发墙之上。

沙发墙［装饰挂画 + 木线条装饰框］

沙发墙［墙纸 + 银镜 + 装饰挂画］

沙发墙［斑马木饰面板 + 定制展示架］

沙发墙［艺术墙纸 + 金色不锈钢线条装饰框］

沙发墙 [实木雕花造型]

沙发墙 [定制书柜]

沙发墙 [皮质软包 + 实木罗马柱]

沙发墙 [水曲柳饰面板套色 + 装饰挂画]

沙发墙 [石膏板装饰凹凸背景刷白]

沙发墙 [木质圆形造型喷金漆]

沙发墙上悬挂壁毯的要点

壁毯又叫作挂毯，是一种挂在墙面上类似地毯的工艺饰品。壁毯的题材非常广泛，如山水、花卉、鸟兽、人物以及建筑风光等。同时壁毯还可以表现山国画、油画、装饰画和摄影等艺术形式，所以具有非常独特的欣赏价值。在悬挂壁毯时要根据不同的空间进行色彩搭配。例如现代风格的空间，整体以白色为主，壁毯应选择以鲜亮、活泼的颜色为主。色彩浓重的壁毯比较适合大面积空置的墙面，可以很好地吸引人的视线，起到令人意想不到的装饰效果。

沙发墙 [木花格 + 嵌入式收纳柜]

沙发墙 [布艺软包 + 木花格贴黑镜]

沙发墙 [艺术墙纸 + 木线条装饰框]

沙发墙 [双色仿古砖斜铺]

沙发墙 [艺术屏风]

沙发墙 [布艺软包 + 装饰壁龛]

沙发墙［彩色乳胶漆 + 装饰挂件］

沙发墙［磨砂银镜 + 木线条装饰框］

沙发墙［装饰挂画 + 茶镜 + 大理石线条装饰框］

沙发墙［米白大理石拉槽］

沙发墙［布艺硬包 + 瓷盘挂件］

沙发墙［墙纸 + 装饰挂镜］

沙发墙上挂镜的注意事项

　　如今挂镜的造型越来越多样化，也成为软装配饰的重要组成部分。客厅中运用挂镜，首先可以起到装饰作用，例如欧式风格的住宅空间常常在会客厅壁炉上方或者沙发背景墙上装饰华丽的挂镜提升房子的古典气质。其次可以借助镜子的反射延伸视觉。例如对于一些客厅比较狭长的户型来说，在侧面的墙上安装镜子可以在视觉上起到横向扩容的效果，让客厅显得宽敞，至于挂镜的尺寸和颜色，则可以根据客厅的面积和格局的具体情况进行选择。

卧室背景墙

　　卧室背景墙通常指的是床头墙，它是卧室设计中的重头戏。设计上多运用点、线、面等要素形式美的基本原则，使造型和谐统一而富于变化。对于空间比较局促的卧室，床头的大片空白空间就一定要利用起来。不管是纵向还是横向地利用床头，能够收纳物品，扩大空间利用率才是最终的目的。

床头墙［布艺软包＋木花格贴银镜］

床头墙［布艺硬包］

床头墙［布艺软包＋木格栅］

电视墙［微晶石墙砖＋珠帘］

床头墙［墙纸＋木花格］

床头墙［布艺软包＋装饰挂件＋木花格贴银镜］

东南亚风格卧室的墙面设计重点

　　东南亚风格素以大胆的配色著称，在绚丽的色彩"热舞"中，舒张中有含蓄，妩媚中有神秘，平和中有激情。东南亚风格的卧室最具女性气质，设计时多会用到一些自然的材质，比如棉麻质感的布艺、原木色的实木等。床头采用多色的面料来制作，除了挂画外，可用陶饰、木雕等来提升空间格调，再用东南亚的芭蕉叶扇饰品进行点缀，这样便可以使整个空间顿时充满巴厘岛的原始与天然韵味。这样巧妙使用经典元素来装饰墙面比传统的挂画更能吸人眼球。

床头墙 [橡木饰面板 + 装饰壁龛]

床头墙 [布艺硬包 + 银镜]

床头墙 [墙布 + 木质床头造型]

床头墙 [艺术屏风 + 墙纸]

床头墙 [石膏板造型 + 墙纸]

床头墙 [艺术墙绘]

床头墙 [艺术墙纸 + 灰镜 + 不锈钢线条装饰框]

床头墙［布艺硬包＋装饰挂件］

床头墙［布艺软包＋木线条＋装饰挂镜］

电视墙［木饰面板装饰凹凸背景＋皮质硬包］

床头墙［布艺软包＋银镜斜铺］

床头墙［木线条装饰框刷白］

床头墙［皮质软包＋木搁板＋银镜倒角］

简约风格卧室的墙面设计重点

卧室的设计并非一定由多姿多彩的色调和层出不穷的造型来营造气氛。大方简洁、清逸淡雅而又极富现代感的简约主义可以为卧室换上一件自然而朴实的外衣。简约风格卧室的墙面通常采用墙纸、乳胶漆软包或浅色木饰面板等材料。在选择墙面颜色时，首先要考虑自己的爱好确定好一个大致的色系，再根据家具来确定具体的颜色。追求清新就选择浅色、冷色系；追求温馨就选择暖色系；想要突出现代感可以使用黑色和白色，也可以采用强烈的对比色突出效果。

床头墙［布艺软包＋墙纸］

床头墙［墙纸＋实木线装饰套］

床头墙［木线条密排＋装饰挂件］

床头墙［布艺软包＋木线条装饰框刷金漆］

电视墙［铁艺构花件＋墙纸］

床头墙［彩色乳胶漆＋装饰挂画］

床头墙［木花格＋彩色乳胶漆］

床头墙 [艺术墙纸 + 挂镜线]

床头墙 [彩色乳胶漆 + 石膏板造型 + 木搁板]

床头墙 [黑胡桃木饰面板 + 艺术墙纸]

床头墙 [皮质软包 + 水曲柳饰面板套色]

床头墙 [布艺软包 + 黑檀饰面板]

床头墙 [布艺软包 + 木花格]

装修卧室床头墙之前先确定床的尺寸

事先确定好床的尺寸，可以在后期设计和施工中避免很多不必要的麻烦，比如床头两边插座的排布一般有一些常规的高度尺寸，然而美式的家具相对都比较高，如果还是按照常规尺寸排布的话，将来很可能会被家具遮挡住，那样就大大影响了使用。此外，卧室墙面要做半高的护墙板时，就需要先知道床背的高度，这样才能确定护墙板的高度，要确保做好后的护墙板比床背高，如果比床背低的话这样的护墙板就做得没有效果了。

床头墙［布艺软包 + 木线条收口 + 银镜］

床头墙［布艺软包 + 木线条收口 + 装饰挂画］

床头墙［墙纸 + 杉木板拼贴造型］

床头墙［杉木板装饰背景刷白］

床头墙［木线条密排 + 墙纸］

床头墙［皮质软包］

床头墙［布艺硬包 + 金属线条装饰框］

床头墙 [银镜＋布艺硬包＋木线条收口]

床头墙 [密度板雕花刷白＋彩色乳胶漆]

床头墙 [墙纸＋彩色乳胶漆]

床头墙 [烤漆玻璃＋墙面柜]

床头墙 [石膏雕花线＋彩色乳胶漆]

床头墙 [彩色乳胶漆＋艺术墙绘]

卧室床头安装衣柜的注意事项

　　衣柜是卧室中必不可少的家具，但是如果不事先观察以及思考过衣柜的位置，往往买回来的更多是碍手碍脚的陈列物。狭长的卧室中，如果一侧墙面有窗子或者门遮挡，则不适宜摆放衣柜，这种情况下可以选择在床头设计衣柜，这样的空间规划显得更加合理。设计时建议选择与床头衣柜材质、颜色相同或者相近的睡床，以便风格上保持统一。但要避免床头正上方安装衣柜，因为这会对睡眠不利，最好能增加床头板的厚度，使人躺下时，眼睛平视能看到天花，这样设计通透感和安全感更强。

床头墙 [皮质软包＋银镜＋木线条收口]

床头墙 [布艺软包＋金属线条装饰框＋装饰挂件]

床头墙 [布艺硬包＋银镜＋马赛克线条＋装饰壁灯]

床头墙 [布艺软包＋银镜＋橡木饰面板]

床头墙 [布艺软包＋木线条收口]

床头墙 [布艺硬包＋不锈钢装饰条]

床头墙 [真丝手绘墙纸＋实木线条装饰框]

床头墙 [艺术墙纸 + 不锈钢线条装饰框 + 木格栅贴灰镜]

床头墙 [墙纸 + 壁柜]

床头墙 [布艺软包 + 实木线装饰框]

床头墙 [墙纸 + 金属线条 + 装饰挂画]

床头墙 [布艺硬包 + 装饰挂镜 + 金属线条装饰框]

床头墙 [布艺硬包 + 金属线条 + 装饰挂件]

卧室安装护墙板的注意事项

因为风格的需要，很多卧室背景墙都会出现护墙的造型。护墙板的颜色以白色和褐色运用得居多。常用的材质有两种，一种是实木的，另一种是密度板的。一般居家装修都会选择定做成品的免漆护墙板，这样会比较环保一些。护墙板可以做到顶，也可以做半高的形式。半高的高度会根据整个层高的比例来决定，一般在1~1.2m。在做护墙板之前，要在墙面上用木工板或九厘板做一个基层，这样能保证墙面的平整性，然后再把定制的护墙板安装上去。

床头墙 [布艺硬包 + 装饰挂件]

床头墙 [布艺硬包 + 装饰挂镜 + 金属线条]

床头墙 [艺术墙绘 + 彩色乳胶漆 + 装饰挂画]

床头墙 [烤漆面板造型 + 红色烤漆玻璃 + 装饰壁龛]

右墙 [石膏壁炉造型 + 灰色乳胶漆]

床头墙 [皮质硬包 + 木线条打方框]

床头墙 [皮质软包 + 不锈钢线条收口]

床头墙［布艺硬包＋茶镜＋装饰挂件］

床头墙［艺术墙纸］

床头墙［白色文化砖＋陶瓷马赛克］

床头墙［彩色乳胶漆＋装饰挂画］

床头墙［木线条打方框刷金漆＋瓷盘挂件］

床头墙［布艺软包＋金属线条装饰框］

乳胶漆装饰卧室床头墙面

在卧室的背景墙面设计上，比较简易而且能很快出效果的方法就是局部采用比较重、比较鲜艳的乳胶漆进行点缀。再搭配上装饰画或者结婚照，不用花人多钱就能达到很好的效果。但如果在相邻的墙面选用不同颜色的乳胶漆大面积涂刷，对色彩不是很敏感的话，可以选用同色系中有深浅变化的乳胶漆。如果选用不同色系的乳胶漆，需要遵循两个原则：一是可以选用相近的两个色系；二是尽量选用相同饱和度系数的乳胶漆。

床头墙 [布艺软包 + 木饰面板装饰框 + 木花格贴银镜]

床头墙 [真丝手绘墙纸 + 木线条收口]

床头墙 [装饰挂画 + 墙纸]

床头墙 [黑胡桃木饰面板 + 不锈钢线条装饰框]

床头墙 [艺术墙纸 + 木花格贴茶镜]

电视墙 [艺术墙纸]

床头墙 [墙纸 + 木线条打方框 + 木花格]

床头墙［墙纸＋木窗花］

床头墙［布艺软包＋中式木花格］

床头墙［墙纸＋木线条装饰框］

床头墙［布艺软包＋墙纸＋木线条收口］

床头墙［墙纸＋木饰面板造型］

床头墙［艺术墙纸＋木线条装饰框＋装饰挂件＋银镜］

卧室墙面挂镜的注意事项

　　卧室里的挂镜除了用作穿衣镜外，还可以用来放大空间，缓解狭小卧室的压迫感。可以在卧室墙上挖出一些几何图形，在里面安装镜了，既有扩大空间的效果，又能使卧室的装饰效果显得极具个性，让人眼前一亮。此外，挂镜不仅可以用在卧室的墙上，也可以把衣柜门换成镜面装饰，使空间有横向扩展的感觉。但是挂镜最好不要对着床或房门，因为居住者夜里起床，意识模糊时看到镜子中反射出来的影像可能会受到惊吓。

床头墙［杉木板造型刷白 + 装饰挂件］

床头墙［波浪板］

床头墙［水泥烧结板 + 杉木板装饰背景套色］

床头墙［布艺软包 + 木质护墙板 + 装饰挂件］

床头墙［墙布］

电视墙［艺术墙纸 + 木线条装饰框］

床头墙［白色护墙板 + 挂镜线］

床头墙［布艺软包 + 金属线条装饰框 + 装饰挂件］

床头墙［装饰挂画 + 质感漆 + 木花格］

床头墙［墙纸 + 装饰挂件］

床头墙［布艺软包 + 木线条收口］

床头墙［布艺软包 + 灰镜 + 装饰壁龛］

床头墙［布艺软包 + 银镜 + 不锈钢线条装饰框］

儿童房铺贴墙纸的注意事项

儿童视线较低，在墙面装修中就应该注意孩子的视角，如成人卧室墙面的腰线一般在 70~80cm，但是儿童房墙面的腰线就应该降低到 40~50cm。并且为了避免使孩子产生空间过高的感觉，可以对墙壁采取"三段"的装修方式，就是利用两道腰线将整个墙壁纵向分为三段。此外，男孩房间的墙纸建议以青色系列为主，包括蓝、青绿、青、青紫色等；女孩房间的墙纸建议以红色系列为主色，包括粉红、紫红、橙等。黄色系列的墙纸则不拘性别，男孩和女孩房间都能使用。

床头墙 [真丝手绘墙纸 + 木花格]

床头墙 [布艺软包 + 雕花银镜]

床头墙 [彩色乳胶漆 + 装饰挂画]

电视墙 [布艺软包 + 紫罗兰大理石地台]

床头墙 [布艺软包 + 水曲柳饰面板显纹刷白]

床头墙 [布艺软包 + 木线条刷金漆收口]

床头墙 [皮质软包 + 银镜]

电视墙［彩色乳胶漆＋木线条装饰框刷白］

床头墙［布艺硬包＋墙纸］

床头墙［皮质软包＋银镜＋不锈钢线条装饰框］

床头墙［墙纸＋木线条收口刷白］

床头墙［墙纸＋定制收纳柜］

床头墙［墙纸＋灰色护墙板］

在儿童房中打造一面涂鸦墙的要点

　　每个孩子在成长的过程中都会在墙壁上涂涂画画，这时候家长都会因为抹不去的印记而苦恼，但阻止孩子乱写乱画，又会限制孩子想象和创造的自由。为了满足午幼孩子涂鸦的需要，建议在儿童房设计涂鸦墙。考虑到幼童的身高，涂鸦墙不易过高，可按照墙裙的高度设计。做涂鸦墙最好是能先在墙面上用奥松板做基层，再涂刷黑板漆，这样设计的话，只要用微湿的抹布一擦，就会把乱写乱画的东西擦掉，省时又省力。

床头墙［石膏板造型＋布艺硬包＋灯带］

电视墙［墙布＋不锈钢线条］

床头墙［布艺软包＋柚木饰面板＋装饰挂件］

床头墙［定制壁画＋雕花银镜］

床头墙［皮质硬包＋木饰面板装饰框］

床头墙［雕花线条装饰框＋石膏罗马柱］

床头墙［墙纸＋白色护墙板］

床头墙［墙纸 + 金属线条装饰框］

床头墙［墙纸 + 彩色乳胶漆 + 挂镜线］

床头墙［橡木饰面板］

床头墙［彩色乳胶漆 + 墙贴］

床头墙［木地板上墙 + 大理石线条装饰框］

床头墙［墙纸 + 石膏板造型］

卧室设计可旋转的电视背景

　　如果也想要在与卧室相邻的房间观看电视的话，可以在共有的墙体上做可以旋转的电视背景设计，一机两用，很好地体现了节能环保的特点。注意旋转的角度要根据情况而定，若电视背景的墙体为承重墙，建议不要做成旋转式。电源线路和网线、电视线都要从管内通过，只在立管的合适部位开孔即可，但要注意开孔不宜太小，以电源插头可穿过为适，还要注意开孔处需有防止长期摩擦电线的封边材料，以防长期旋转磨损电线。

床头墙［石膏板造型＋墙纸］

床头墙［金色不锈钢艺术屏风］

床头墙［布艺硬包＋定制收纳柜］

床头墙［彩色乳胶漆＋木线条装饰框刷白］

床头墙［艺术墙纸＋木花格］

床头墙［艺术墙纸 + 木饰面板装饰框］

床头墙［中式屏风］

床头墙［皮质软包 + 木线条收口］

床头墙［艺术墙纸 + 白色护墙板］

床头墙［布艺软包 + 木线条装饰框］

床头墙［木花格 + 中式挂落 + 墙纸］

卧室悬挂电视机的合理高度

卧室的电视机宜大小适中，一般 32 寸或者 26 寸的电视机就差不多了。电视柜应根据电视的大小来定，比电视宽 10cm 左右比较合适。高度相对来讲要比客厅的高一些，因为这需要与床的高度相对称。如果卧室没有足够的空间摆放电视柜，电视机和机顶盒等设备只能采用壁挂，要注意在插座排布的时候，最好将插座位置做到离地 1.1m 左右的高度，电视机采用活动支架安装，这样插座、电视线插口等可以完全隐藏在电视机的背面。

床头墙 [墙纸 + 杉木板床头造型刷白]

床头墙 [布艺软包 + 贝壳马赛克 + 装饰挂件]

电视墙 [黑色烤漆玻璃 + 水曲柳饰面板]

床头墙 [布艺软包 + 木线条收口 + 灰镜]

床头墙 [墙纸 + 装饰挂镜]

床头墙 [艺术壁画]

床头墙 [壁画 + 木线条收口]

床头墙 [大花白大理石 + 橡木饰面板]

床头墙 [墙纸 + 大理石雕花 + 彩绘玻璃]

床头墙 [布艺硬包 + 实木线装饰套]

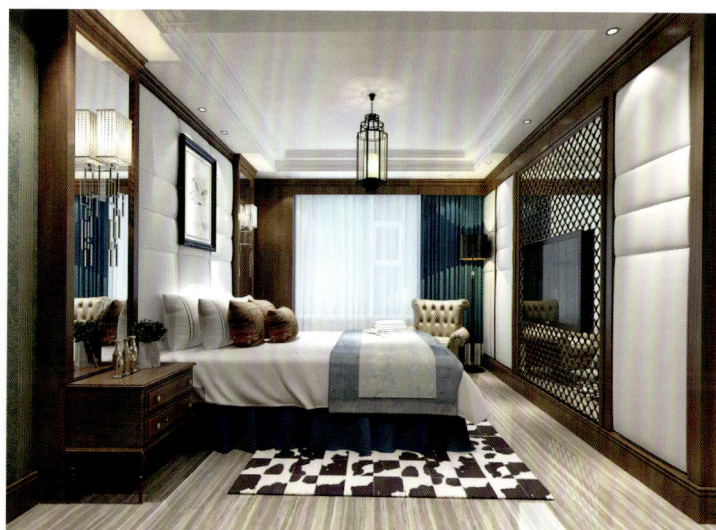

床头墙 [布艺软包 + 银镜]

床头墙 [布艺软包 + 墙纸 + 实木雕花]

床头墙 [墙纸 + 布艺软包 + 不锈钢线条装饰框]

床头墙 [斑马纹饰面板 + 装饰挂画]

餐厅背景墙

　　餐厅背景墙的装饰除了依据餐厅整体设计这一基本原则外，还要特别考虑到餐厅的实用功能及美化效果。有的家庭餐厅较小，可以在墙面的适当位置安装镜面，这样能在视觉上造成空间增大的感觉。 另外，进行墙面的装饰时要突出个性，这与选择哪种装饰材料有很大关系：显现天然纹理的原本材料透露着自然淳朴的气息；深色墙面则显得风格典雅，气韵深沉，富有浓郁的东方情调。

右墙 [彩色乳胶漆 + 装饰挂盘]

居中墙 [艺术墙纸 + 木线条装饰框]

左墙 [彩色乳胶漆 + 木线条装饰框 + 金属线条装饰框]

居中墙 [木质护墙板 + 大花白大理石造型]

餐厅墙面的挂画要点

　　餐厅是让人愉快用餐放松交流的地方，装饰画在色彩与形象上都要符合用餐人的心情，通常橘色、橙黄色等明亮色彩能让人身心愉悦，增加食欲，图案以明快、亮丽为佳。果蔬图案装饰画是餐厅挂画的极佳选择，水果、花卉和色块组合为主题的抽象画挂在餐厅中也是现在比较流行的一种搭配手法。如果餐厅与客厅一体相通，装饰画最好能与客厅配画相协调。挂画时建议画的顶边高度在空间顶角线下60~80cm，并以居餐桌中线为宜。

　　餐厅装饰画选择横挂或竖挂需根据墙面尺寸或餐桌摆放方向而定。如果墙面较宽、餐厅面积大，可以用横挂画的方式装饰墙面；如果墙面较窄，餐桌又是竖着摆放，则装饰画可以竖向排列，减少拥挤感。

居中墙［真丝手绘墙纸 + 定制展示架］

右墙［墙纸 + 金色壁饰］

右墙［墙纸 + 木质护墙板 + 装饰挂镜］

右墙［艺术墙纸 + 木线条装饰框 + 不锈钢线条］

右墙［实木雕花 + 橡木饰面板］

右墙［铁艺构花件 + 蓝色护墙板］

左墙［银镜 + 装饰挂画］

左墙［木质艺术造型 + 小鸟造型壁饰］

右墙［布艺硬包 + 瓷盘挂件 + 墙纸］

左墙［墙纸 + 大理石装饰框 + 透光云石］

左墙［金色镜面玻璃倒角 + 大理石线条收口］

居中墙［木饰面板装饰凹凸背景］

左墙［定制壁画 + 定制餐边柜 + 墙纸］

拼花马赛克装饰餐厅墙面

马赛克拼花以小巧玲珑、色彩斑斓的优势被广泛应用于室内墙面、地面的装修，图案方面，自然、花鸟、动物造型、抽象的艺术造型均可拼贴，应用在餐厅背景墙上可以为空间增添艺术气息。但要注意的是，如果选择了大面积拼花的马赛克图案作为造型，那么在家具选择上要尽量简洁明快，以防止视觉上的混乱。此外，如果打算自己动手铺贴拼花马赛克，可以选择直拼的图案，复杂的拼花图案最好让专业人员动手。

右墙 [装饰挂画组合]

右墙 [石膏壁炉造型 + 装饰挂镜 + 艺术墙纸]

右墙 [金色镜面玻璃 + 柚木饰面板]

左墙 [艺术墙纸 + 灰镜]

左墙 [定制酒柜 + 装饰挂画 + 银镜]

左墙 [定制壁画 + 大理石线条装饰框 + 黑镜]

右墙 [艺术墙纸 + 实木线制作角花]

左墙［定制餐边柜 + 灰镜 + 木纹大理石］

左墙［艺术壁画 + 文化砖］

居中墙［大理石壁炉 + 大理石艺术造型］

右墙［仿古砖铺贴 + 照片组合］

右墙［银镜拼花 + 装饰挂画 + 木质护墙板］

左墙［定制壁画 + 木线条装饰框］

餐厅墙面装镜的设计要点

有些公寓房的餐厅空间比较小，对此很多业主会选择镜面做背景，这样不仅具有很好的装饰作用，而且还能在视觉上增加室内的空间感。但是如果镜面的面积过大，在施工过程中不宜直接贴在原墙上，因为原墙的面层无法承受镜面的重量，粘贴不牢固，钉在墙面又不美观，所以一般会先在墙面打一层九厘板，再把镜面贴在九厘板上。市面上的镜面一般分为 8mm 和 5mm 两种规格，高度最好保持在 2400mm 以下。

居中墙 [艺术墙纸 + 木格栅]

右墙 [木格栅 + 银镜]

左墙 [车边银镜倒角]

右墙 [装饰方柱]

居中墙 [定制壁画 + 木花格贴银镜]

右墙［艺术墙砖拼花 + 大理石线条装饰框］

右墙［烤漆面板 + 小鸟装饰挂件］

右墙［壁画 + 灯带］

左墙［壁画 + 木线条收口］

餐厅墙面装饰挂盘

　　装饰餐厅墙面的挂盘，一般不会单只出现，通常多只挂盘作为一个整体出现，这样才有画面感，但要避免不能杂乱无章。主题统一且图案突出的多只挂盘巧妙地组合在一起，这样才能起到替代装饰画的效果。

　　挂盘上墙一般有两种装饰手法：规则排列和不规则排列。当挂盘数量多、形状不一、内容各异时，可以选择不规则排列方式。建议先在平地上设计挂盘的悬挂位置和整体形状，再将其贴到墙面上。当挂盘数量不多、形状相同时，适合采用规则排列的手法。例如两列竖排盘子，中间加一个置物层板，形成一个 H 形。层板上摆放一两盆小植物，软化挂盘的硬结构，就是一种很不错的装饰手法。

右墙 [实木镂空雕花]

左墙 [烤漆玻璃 + 装饰挂件]

左墙 [木饰面板装饰凹凸造型刷白]

居中墙 [艺术墙纸 + 木线条装饰框刷灰漆]

左墙 [定制展示架 + 茶镜]

电视墙 [墙纸 + 木花格]

左墙 [银镜 + 餐边柜]

左墙［白色文化砖 + 瓷盘挂件 + 定制餐边柜］

左墙［木饰面板套色 + 装饰挂盘］

居中墙［微晶石墙砖 + 木线条装饰框］

左墙［橡木饰面板套色 + 灰镜］

餐厅背景墙设计嵌入式收纳柜

　　设计餐厅背景墙时，可把部分餐厅背景墙的上部掏空安装玻璃搁板，下部作为封闭的储物柜。掏空的形式不会增加空间负担，还可充当展示背景，同时又有储物功能，可谓一举三得。如果墙面只有少量可以掏空并且深度不够安装一个收纳嵌入柜的话，那么可以考虑一下嵌入式书架，18~20cm 的深度已经足够，况且一整面墙的收纳量，足足可以省下一个书架了，当然里层的搁板设计不需要中规中矩，随意变化更有创意。

左墙 [烤漆玻璃 + 装饰挂件]

左墙 [壁画 + 不锈钢线条]

右墙 [墙纸 + 装饰挂画]

左墙 [深灰色乳胶漆 + 木线条喷金漆打方框]

左墙 [墙纸 + 银镜倒角]

左墙 [木饰面板装饰凹凸背景 + 装饰挂画]

右墙 [木格栅]